BURNOUT EN EL TRABAJO DE ENFERMERÍA

Y LA

PROMOCIÓN DE COMPORTAMIENTOS SALUDABLES

Raquel Marín Morales

Mª Ángeles Cutilla Muñoz

Mª del Rocío Martínez Capa

Copyright ©:   Raquel Marín Morales,

Mª Ángeles Cutilla Muñoz y

Rocío Martínez Capa.

1ª Edición, Agosto 2012.

ISBN 978-1-291-02300-8

Distribuído por   WWW.LULU.COM

Dedicado a todas las enfermeras que creen que otro modo de trabajar es posible, basado en la evidencia. Ánimo! Está en nuestra mano que cambiemos nuestra pequeña y cercana realidad.

ÍNDICE

RIESGOS PSICOSOCIALES EN EL TRABAJO DE ENFERMERÍA: BURNOUT

- ANTECEDENTES DEL TEMA..8

- NECESIDAD DE INVESTIGAR DESDE LA PERSPECTIVA ENFERMERA..12

- CONCLUSIONES.. 17

- LÍNEAS DE INVESTIGACIÓN EN EL FUTURO................25

- REFERENCIAS BILIOGRÁFICAS 27

MÉTODOS DE INTERVENCIÓN PARA PROMOVER COMPORTAMIENTOS SALUDABLES

- INTRODUCCIÓN…………………………………………..…….34

- ANTECEDENTES DEL TEMA……………………………..36

- NECESIDAD DE INVESTIGAR DESDE LA PERSPECTIVA ENFERMERA………………………………………………..48

- CONCLUSIONES Y LÍNEAS DE INVESTIGACIÓN EN EL FUTURO………………………………………………….52

- REFERENCIAS BILIOGRÁFICAS………………………….56

ANTECEDENTES DEL TEMA

En los últimos años, se ha desarrollado un gran interés por el estudio del estrés y los factores psicosociales relacionados con el trabajo y la repercusión de estos sobre la salud de los trabajadores. El "burnout" o *síndrome de estar quemado por el trabajo* constituye uno de los daños laborales de carácter psicosocial más importantes en la sociedad actual.

Una definición clásica de burnout es la que ofrece Maslach (1993, p. 20-21) quien lo define como "un síndrome psicológico de agotamiento emocional, despersonalización y reducida realización personal que puede ocurrir en individuos normales que trabajan con personas de alguna manera. El agotamiento emocional se refiere a los sentimientos de no poder dar más de sí a nivel emocional y a una disminución de los propios recursos emocionales. La despersonalización se refiere a una respuesta de distancia negativa, sentimientos y conductas cínicas respecto a otras personas, que son normalmente los usuarios del servicio o del cuidado. La reducida realización personal se refiere a la disminución en los propios sentimientos de competencia y logro en el trabajo".

El constructo académico del burnout recibe sus primeras formulaciones en la década de los setenta en Estados Unidos, en un contexto de replanteamiento de la sociedad de bienestar consecuencia de la primera gran crisis energética aparecida en 1973. En este marco, en un esfuerzo por atender con pocos medios y recursos las crisis de jóvenes con problemas de drogas y otros tipos de desajuste social, Herbert Freudenberger habla del burnout. En 1981 Maslach y Jackson realizaron la definición del Burnout como modelo de un enfoque emocional en el marco de la psicología social, tal y como hemos definido anteriormente.

Los años ochenta son de una clara hegemonía del MBI (Maslach Burnout Inventory) como instrumento y como teoría sobre otros modelos. Quizás con ello se pierden perspectivas más amplias sobre el burnout. Los modelos de Edelwich y Brodsky, el de Scott Meier, un verdadero modelo cognitivo conductual, el modelo complejo y procesual de Cary Cherniss o el de Ayala Pines sobre aspectos existenciales del burnout quedan como referencias eruditas ante la prevalencia del MBI y sus supuestos teóricos de base.

En la década de los años noventa se extiende el burnout a todo tipo de profesiones, y no solamente a las asistenciales. En 1996 aparece la versión MBI-General Survey con una nueva formulación que incluye Cinismo y Eficacia Personal. Un año más tarde la atención se desplaza hacia los factores precursores del burnout.

Los años 2000 son años de grandes cambios para el estudio del burnout. Un ejemplo de ello es el enfoque positivo apareciendo la dimensión opuesta al burnout, el "Engagement", cuyo modelo es operativizado principalmente por Wilmar Schaufeli.

Al hablar de los antecedentes de este hay que señalar que, en los últimos años, en la profesión de enfermería han surgido nuevas leyes y estatutos que regulan el ejercicio de la profesión, al mismo tiempo se han formulado nuevos procedimientos para las tareas y funciones, han aparecido cambios en los programas de educación y formación de los profesionales, cambios en los perfiles demográficos de la población que requieren cambios en los roles, y aumento de las demandas de servicios de salud por parte de la población. Todos estos cambios han ocurrido con demasiada rapidez para ser asumidos por esa profesión. También cabe citar la falta de preparación y formación de algunos profesionales, la incompetencia de la administración pública para resolver los problemas del sector, expectativas irreales, o lo que se denomina la sociedad de la queja: pacientes que constantemente exigen derechos, incluso, en ocasiones, derechos desmedidos, pero que no se plantean sus obligaciones hacia el personal de enfermería.

Respecto al ámbito español, hay que añadir elementos como la pérdida del prestigio social en décadas pasadas, la masificación en el número de usuarios, la exigencia de una mejor calidad de vida por parte de la población general debido a un incremento en el nivel cultural, o la falta de profesionales para atender esas exigencias por razones presupuestarias de las administraciones públicas.

RAZONES QUE JUSTIFICAN LA NECESIDAD DE INVESTIGAR SOBRE EL TEMA ELEGIDO DESDE LA PERSPECTIVA ENFERMERA

La necesidad de estudiar este síndrome viene unida a la necesidad de estudiar los procesos de estrés laboral, así como al hincapié que las organizaciones vienen haciendo sobre la necesidad de preocuparse más de la calidad de vida laboral que ofrecen a sus empleados. En la actualidad resulta necesario considerar los aspectos de bienestar y salud laboral a la hora de evaluar la eficacia de una determinada organización, pues la calidad de vida laboral y el estado de salud física y mental que conlleva tiene repercusiones sobre la organización.

La enfermería se considera como una profesión particularmente estresante, que afecta tanto la salud y el bienestar personal como la satisfacción laboral y colectiva. Posee altos niveles de responsabilidad, relaciones interpersonales y exigencias sociales. En ese sentido, se considera que la contingencia de resolver problemas que surgen de improviso, la escasez de personal con la consabida sobrecarga laboral, los conflictos, la ambigüedad de rol por no existir especificidad de funciones y tareas, la falta de autonomía y autoridad para la toma de decisiones, los rápidos cambios tecnológicos, las mermas en las retribuciones y estímulos de distintos tipos, las condiciones físicas externas inadecuadas, las malas relaciones interpersonales y la superposición familia-trabajo contribuyen a aumentar las tensiones específicas del quehacer hospitalario produciendo un estrés laboral crónico.

Las consecuencias del síndrome de quemarse por el trabajo pueden situarse en dos niveles:

1) Consecuencias en el individuo:

a. Índices emocionales: uso de mecanismos de distanciamiento emocional, sentimientos de soledad, sentimientos de alienación, ansiedad, sentimientos de impotencia, sentimientos de omnipotencia.

b. Índices actitudinales: desarrollo de actitudes negativas (v.g. verbalizar), cinismo, apatía, hostilidad, suspicacia.

c. Índices conductuales: agresividad, aislamiento del individuo, cambios bruscos de humor, enfado frecuente, gritar con frecuencia, irritabilidad.

d. Índices somáticos: alteraciones cardiovasculares (dolor precordial, palpitaciones, hipertensión, etc.), problemas respiratorios (crisis asmáticas, taquipnea, catarros frecuentes, etc.), problemas inmunológicos (mayor frecuencia de infecciones, aparición de alergias, alteraciones de la piel, etc.), problemas sexuales, problemas musculares (dolor de espalda, dolor cervical, fatiga, rigidez muscular, etc.), problemas digestivos (úlcera gastroduodenal, gastritis, náuseas, diarrea, etc.), alteraciones del sistema nervioso (jaquecas, insomnio, depresión, etc.).

2) Respecto a las consecuencias que para la organización tiene el que sus individuos se vean afectados de forma significativa por el síndrome de quemarse se pueden citar los siguientes índices:

a. Deterioro de la calidad asistencial,

b. Baja satisfacción laboral,

c. Absentismo laboral elevado,

d. Tendencia al abandono del puesto y/o de la organización,

e. Disminución del interés y el esfuerzo por realizar las actividades laborales,

f. Aumento de los conflictos interpersonales con compañeros, usuarios y supervisores y, por supuesto,

g. Una disminución de la calidad de vida laboral de los profesionales. El sistema de atención primaria y especializada u hospitalaria debe de tratar de conseguir y desarrollar "sistemas adecuados de recompensa", reconocimiento del trabajo y oportunidades de desarrollo personal.

En España la necesidad de estudiar este tema se justifica también por razones jurídicas. La Directiva Marco de la Unión Europea en materia de Salud y Seguridad (89/391/CEE) y la normativa comunitaria en materia de prevención de riesgos laborales ha sido llevada a cabo en España mediante la aprobación de la actual Ley de Prevención de Riesgos Laborales (Ley 31/1995, de 8 de noviembre, B.O.E. 10-11-1995), aplicable a todo el ámbito del Estado.

Este clima de sensibilidad hacia los problemas psicosociales del entorno laboral susceptibles de originar la aparición de estrés laboral y de sus patologías asociadas ha permitido que el *burnout* haya sido considerado accidente de trabajo en España. El auto dictado por la Sala de lo Social del Tribunal Supremo de fecha 26 de octubre de 2000 (Recurso Num.: 4379/1999) así lo reconoce. Al igual que el fallo del Juzgado de lo Social n1 3 de Vitoria-Gasteiz (autos n1 14/02, de fecha 27 de marzo de 2002).

CONCLUSIONES TRAS LA REVISIÓN DE LA LITERATURA

1. Necesidad de generalizar estudios más localizados

En España, centrándonos en el personal de enfermería, el tema ha sido objeto de multitud de estudios en los últimos años; estudios que se han desarrollado en prácticamente todas las comunidades autónomas. Sin embargo, pese a la gran cantidad de información recibida y procesada, no es posible mostrar datos concluyentes de la prevalencia en el personal de Enfermería.

A la vista de la disparidad de porcentajes que aparece en los diferentes países, incluida España, resulta atrevido dar una cifra o porcentaje de "cuantas enfermeras/os están quemadas/os". Las razones que pueden justificar dicha disparidad pueden hallarse en: a) la mala utilización y aplicación de los cuestionarios; b) las cifras pueden estar desvirtuando la realidad, debido a un mal diagnóstico diferencial; c) las diferencias culturales entre los sujetos muestrales, lo que dificulta la comparación; d) mala interpretación de los resultados en su contexto real (diferencias en los diversos servicios), etc. Todos estos aspectos contribuyen a la aparición de sesgos insalvables que dificultan enormemente la comprensión de la realidad del síndrome de *burnout*.

Por lo que hemos de concluir, *en primer lugar*, que es necesario *seguir trabajando en el estudio de este síndrome para favorecer la puesta en práctica de estrategias adecuadas para la prevención e intervención*. Además, nos atrevemos a decir que no por ser necesarios los avances a niveles generales del sistema sanitario, son suficientes. Debido a que los factores externos al sujeto son altamente condicionantes, se hacen igualmente necesarios estudios localizados para dar una respuesta más cercana a la realidad más inmediata al trabajador: su centro de salud, hospital, unidad...

2. Necesidad de capacitar psicosocialmente al profesional

Los profesionales de enfermería y sanitarios en general, están preparados técnica, científica y clínicamente, según demuestran los estudios analizados. Pero, sin embargo, llama la atención la "inseguridad psicológica" que muestran en el plano de la comunicación, así como en el de la interacción y apoyo psicológico.

Tanto el sistema hospitalario como la atención primaria no tienen en cuenta cuáles son las actitudes, aptitudes y conocimientos de los profesionales de enfermería que prestan sus servicios en dicha institución. Esto trae consigo gran desmotivación, desilusión y desgaste profesional, por lo que, el personal de enfermería ha optado por hacer el trabajo mecánicamente y lo antes posible, sin detenerse en cuestiones como, por ejemplo, la buena comunicación, información a los pacientes, trato afable, etc. Esta estrategia de afrontamiento, llamada despersonalización, es una forma más de proteger su propio "yo" ante las agresiones continuas que presenta el sistema sanitario.

Por eso, concluimos, *en segundo lugar*, que, igualmente, se hace necesario *incorporar a los planes universitarios y de formación permanente la capacitación psico-social del profesional, mediante técnicas de gestión afectiva y emocional, herramientas para habilidades en comunicación, ...*

3. Necesidad de incluir nuevos criterios de selección para la contratación de profesionales aptos para cada servicio.

Los modelos explicativos no contemplan los antecedentes del *burnout* como disposiciones previas debido a la historia particular del individuo en condiciones similares, implicadas en el desarrollo del posterior síndrome. Y habiendo estudiado que existen tipos de personalidad más propensas a desarrollar el síndrome, nos parece necesario establecer criterios de idoneidad a la hora de contratar al profesional para desarrollar una determinada tarea. Porque la capacitación técnica no es suficiente, igualmente, nos parece insuficiente como criterio de selección el baremo de una bolsa laboral, especialmente para servicios donde se acumula mayor grado de estrés.

A este respecto, se nos ocurre la *posibilidad de establecer filtros psico-técnicos para que el contratado sea ubicado en el puesto donde pueda ofrecer el mayor grado de rendimiento*, a fin de no llegar a "quemarse", ayudando al mismo tiempo a la realización personal e integral de la persona.

4. Necesidad de ampliar los recursos humanos, materiales, y formativos.

Parece obvio que el sistema está sobre saturado, por lo que una de las urgencias radica en aportar recursos humanos, principalmente, así como los medios necesarios para que puedan realizar correctamente su trabajo. Una de las tendencias, radica en proporcionar apoyo social que permita afrontar las exigencias laborales o la obligatoriedad de un equipo de salud mental, que dé apoyo y asesoramiento psicológico al personal con carácter gratuito, tanto en el medio hospitalario como en atención primaria.

La mejora en recursos materiales mecánicos y de instrumentación que mejoren la ergonomía en el trabajo aliviaría la carga física que a menudo soporta el enfermero en su trabajo. Además, sería interesante modificar los ambientes de trabajo que se han visto asociados a altos niveles de estrés y *burnout*; ambientes que exigen alta adherencia y discrecionalidad de los trabajadores.

La profesión exige una puesta al día continua para seguir progresando profesionalmente, lo cual conlleva una sobrecarga de trabajo a realizar fuera del horario laboral. Esto puede solucionarse en parte con la tecnología de la información. Los cursos de formación y perfeccionamiento deberían realizarse dentro del horario laboral, para lograr una mejor conciliación entre la vida laboral y familiar.

5. Nuevos modelos experimentales

Nos parece también interesante apuntar la necesidad de generar modelos experimentales dentro del actual sistema sanitario, tanto en el ámbito hospitalario como en la atención primaria, mediante centros o unidades que funcionen orgánicamente de forma diversa. Algunas de las innovaciones podrían ser:

- Optimizar la eficiencia del personal y disminuyendo el tiempo dedicado a tareas inespecíficas, limitar el trabajo por turnos en función de la edad del personal de enfermería, así como sistemas de rotación, no sólo entre unidades dentro del mismo centro, sino externas opcionales del medio hospitalario al primario o viceversa, para provocar un "cambio de aires".

- Formación de equipos donde cada miembro ejerza una función específica y se sienta responsable de ella.

- Proporcionar un estilo de vida sano: dieta, ejercicio y descanso (comedores con dietas equilibradas, gimnasio gratuito para el personal de enfermería).

- Establecer una adecuada comunicación o *feedback* positivo, entendida como la mejora de los canales de comunicación existentes en la organización tanto a nivel vertical como horizontal.

- Creación de hospitales y centros de salud con "magnetismo". En los EEUU dichas instituciones han surgido de forma natural como resultado de la búsqueda de la excelencia. Estos centros se estructuran en torno a la noción de que enfermería es el componente más importante del cuidado hospitalario y de atención primaria, y tienen en común una serie de atributos organizativos:

- a) estructura horizontal,

- b) autogobierno (decisiones descentralizadas), que confiere una sensación de control sobre el entorno, favorece la creatividad, la innovación y la satisfacción laboral,
- c) unidades autosuficientes, una unidad actúa con independencia para proporcionar los cuidados prescritos por las necesidades del paciente,
- d) promociones,
- e) flexibilidad horaria,
- f) práctica especializada: se insta a las/los enfermeras/os a especializarse en su campo de interés para aumentar la competencia y promover la confianza en una/o misma/o,
- g) apoyo a la educación: disponen de incentivos y oportunidades para la formación continuada y el desarrollo de la investigación.

-Etc.

LÍNEAS DE INVESTIGACIÓN EN EL FUTURO

La base de una adecuada estrategia de intervención debe apoyarse en un correcto diagnóstico de la situación para conocer la dimensión del problema, ya sea en el hospital o centro de salud, y sus causas. Por lo que creemos que, principalmente, las líneas de trabajo deberían ir destinadas a establecer un diagnóstico claro del síndrome en el/la enfermero/a y a localizar las causas a fin de establecer políticas y estrategias de intervención individual y colectiva.

Pero junto a esta primera línea de trabajo, deberían desarrollarse estrategias por la vía de la prevención, generando un contra-síndrome, que es lo que se ha dado en llamar '*engagement*', que se define como: 'un estado mental positivo relacionado con el trabajo y caracterizado por vigor, dedicación y absorción. Más que un estado específico y momentáneo, la vinculación psicológica se refiere a un estado afectivo-cognitivo más persistente que no está focalizado en un objeto, evento o situación particular' (Schaufeli, Salanova, 2002).

La 'vinculación psicológica' es el constructo teóricamente opuesto al *burnout*. Contrariamente a aquellos empleados burnout, los empleados engaged se ven capaces de afrontar las nuevas demandas que aparecen en el día a día laboral, y además manifiestan una conexión enérgica y efectiva con sus trabajos.

La investigación científica ha puesto de manifiesto como posibles causas de la vinculación psicológica: los recursos laborales (ej., autonomía, apoyo social, feedback) y personales (ej., autoeficacia o creencia en la propia capacidad para realizar bien su trabajo), la recuperación debida al esfuerzo, y el contagio emocional fuera del trabajo que actuarían como características vigorizantes del trabajo.

El futuro de la investigación sobre el burnout promete precisamente con el estudio de su teóricamente opuesto, el *engagement*.

REFERENCIAS BILIOGRÁFICAS

-Gil-Monte, P y Peiró, Jose Mª. (1996)*"Desgaste Psíquico en el trabajo: El síndrome de quemarse"* Madrid. Síntesis.

-Äguirán Clemente,(2000) P.*Aspectos psicológicos de los cuidados paliativos.* Cap. 41: Impacto de los profesionales del enfrentamiento diario con la muerte: el estrés laboral asistencial. .Madrid.ADES.

-Maslach, C. y Jackson, S.E. (1986)*:" Maslach Burnout Inventory"*. Palo Alto, California: Consulting Psychologists Press.

-Pamplona Calejero, Elena; Pasamar Millán, Beatriz; Tomeo Ferrer, Mónica; Fontana Cebollada, Belén; Anadón Gómez, David; García Murillo, Sergio.*"El síndrome de Burn-out en el personal de enfermería"* Anal Cienc Salud. 2:55-64

-Tostado Cintero, FJ. (2003) *Burnout en hospitalización: 'Solos ante el peligro'* Documento electrónico

- Ríos Riesquez, MI; Godoy Fernández, C.(2007) **Burnout y salud percibidos en una muestra de enfermería de urgencias**. *Ciber Revista –Esp* 56

- Rodrigues, Andrea Bezerra; Chaves, Eliane Corrêa.(2008) *"Factores estresantes y estrategias de coping utilizadas por los enfermeros que actúan en oncología"* Rev Latino-am Enfermagem -Bra- 16(1):24-28

- Andrade Cepeda, Rosa mª Guadalupe. *"Estrés y satisfacción laboral de las enfermeras de la Unidad de Cuidados Intensivos"*. Desarrollo Científ Enferm -Méx2001 ago9(7):196-200

- Cruz Quintana F, García Caro M.P, Schmidt Riovalle J, Navarro Rivera MC, Prados Peña D.(2001) **"Enfermería, familia y paciente terminal"**. Revista ROL de Enfermería. Volumen 24(10):664-668. Pg 8-13.

- Morales Asencio, JM; Morilla Herrera, JC; Martín Santos, FJ.(2007) *"¿Gestión de riesgos o el riesgo de una mala gestión? La variabilidad en la ratio enfermera-paciente también influye en los resultados de hospitales europeos"*. Evidentia. . Año 4(16).

- Romero Ruiz, A.; Banderas López, Ignacio;. (2007). *"Clima laboral en las enfermeras de un hospital".* Enferm Docente-Esp- (87):5-9.

- Aragón Paredes, M. B.; Morazán Pereira, D. I.; Pérez Montiel, R. (2008). *"Síndrome de Burnout en médicos y personal de enfermería del Hospital Escuela "Oscar Danilo Rosales Argüello"*. Universitas. Vol. 2, n. 2: 33-38.

- Ortega Ruiz, C.; López Ríos, F.: (2004). *"El burnout o syndrome de estar quemado en los profesionales sanitarios: revisión y perspectivas"*. International Journal of Crinical and Health Psychology. Vol. 4, n. 1: 137-160.

- Gil Monte, P. R.: ***"El síndrome de quemarse por el trabajo (síndrome de burnout) en profesionales de enfermería"***. (2003) Revista Electrónica Internacional de Psicología. Año 1, n. 1, ag. 2003: 19-33.

- Salanova, M.; Llorens, S.: ***"Estado actual y retos futuros en el estudio del burnout".*** (2008) Papeles del Psicólogo. Vol 29, n. 1: 59-67.

MÉTODOS DE INTERVENCIÓN PARA PROMOVER COMPORTAMIENTOS SALUDABLES

Mª Ángeles Cutilla Muñoz
Raquel Marín Morales
Mª del Rocío Martínez Capa
Master CC. Enfermería 2008-09

INTRODUCCIÓN

En la constitución de 1946 de la Organización Mundial de la Salud, la salud es definida como el estado de completo bienestar físico, mental y social, y no solamente la ausencia de afecciones o enfermedades. En 1992 a esta definición se agregó: "y en armonía con el medio ambiente", ampliando el concepto. Así pues considerar la salud como equivalente a bienestar y no sólo como ausencia de enfermedad significa tomarla como activo social y bien deseable.

De esta manera al analizar la función del sector sanitario en la sociedad no cabe limitarla a la reparación de daños y cuidado de enfermos sino que debe ir mucho más allá, desarrollando estrategias que fomenten la participación activa de las personas y las comunidades.

Una manera de reforzar la implicación activa de las comunidades e individuos en el desarrollo sanitario consiste en dar formación a algunos de sus miembros y hacerlos participar como agentes de salud comunitarios desarrollando en ellos competencias y criterios que los faculten para ejercer el liderazgo social necesario para la prevención y la promoción de la salud a partir de métodos de intervención. La enfermería se ubica en una posición privilegiada para contribuir a todo ello.

ANTECEDENTES Y ESTADO DE LA CUESTIÓN

La salud es el resultado de diversos factores, entre los cuales los servicios sanitarios son sólo responsables de una parte de la misma. Sobre un sustrato definido por las características genéticas que heredamos, el que estemos o no sanos está determinado por el medio ambiente en que desarrollamos nuestra vida, por nuestra alimentación, por los trabajos que desempeñamos, por nuestros ingresos y consumo, así como por el nivel educativo y por nuestras relaciones sociales.

El Informe Lalonde (1974) de Canadá, fue el primer documento de un gobierno público que recogía como determinantes de la salud cuatro grandes elementos (la herencia genética, el medio ambiente, los estilos de vida y los servicios sanitarios), siendo pionero en plantear la importancia de las acciones políticas públicas extrasanitarias para garantizar las condiciones básicas que posibilitarían el desarrollo del potencial de salud de las personas y las comunidades.

A pesar de los avances realizados, continúan existiendo miles de millones de personas en todo el mundo que carecen de buena salud. Más de 10 millones de niños mueren anualmente a nivel mundial, en su mayoría de enfermedades prevenibles y desnutrición. El paludismo y la tuberculosis continúan siendo problemas importantes de salud en los países pobres; y en los países más ricos la obesidad contribuye a altos índices de cardiopatías, diabetes y cáncer. Por otra parte, el SIDA ha revertido los avances logrados en supervivencia infantil y esperanza de vida en algunas partes de África.

Los expertos en salud estiman que podría elevarse la esperanza de vida si las personas, las comunidades, los sistemas de salud y los gobiernos tomaran decisiones enfocadas a reducir los riesgos antes descritos así como otros riesgos.

Así mismo en los últimos años y fundamentalmente en los países industrializados se ha producido el reconocimiento definitivo por parte de los distintos organismos de salud tanto internacionales como nacionales, de que la mortalidad y morbilidad están producidas en su mayor parte por motivos conductuales, por lo que la gente hace, no por causas infecciosas o envejecimiento natural del organismo. Esto ha llevado en los últimos años a realizar múltiples estudios tanto de tipo epidemiológico como experimental y clínico para conocer pormenorizada y exactamente las causas de muerte y los factores que protegen de morir prematuramente.

Es lo que se ha entendido como comportamientos aconsejables para la salud. Estos son bien conocidos por la población de los países desarrollados y se desarrollan sistemáticamente campañas para que la gente lleve una vida saludable.

Los datos epidemiológicos y los estudios de mortalidad proporcionan la suficiente información como para planificar e intervenir en aquellas conductas no saludables, con el objetivo de frenar o impedir la aparición de distintos problemas de salud.

En alguna época se pensó que la forma de cambiar los comportamientos asociados a la salud era simplemente enviando mensajes (como "Tomate la leche a pecho", o "Póntelo, pónselo"), la comunicación en una sola dirección.

Hoy en día los programas de salud sólidos ya no dependen solamente de este tipo de mensajes, sino que se basan en una investigación amplia sobre los públicos a quienes van dirigidos, y en el desarrollo de habilidades, la educación de éstos por múltiples medios, y la implicación de los gobiernos, en el desarrollo de políticas, la movilización comunitaria, y los cambios institucionales, económicos y ecológicos. Este enfoque integral reconoce que las personas, no sólo viven en un contexto físico sino en un "ambiente social" dinámico.

En este sentido se han ido incorporando en los programas de promoción de la salud y prevención de enfermedades varias teorías y técnicas que han resultado productivas en el campo de las ciencias sociales. Han despertado interés especial las que se conocen, respectivamente, como etapas de cambio, aprendizaje social, organización comunitaria, propagación de innovaciones, psicología conductual de la comunidad, mercadeo social, modelo de cambio de comportamiento, y los modelos de cambio de comportamiento-comunicación I y II. También se han propuesto el modelo unificado y el de "preceder y proceder" (*precede/proceed*) como estructuras que combinan los diferentes modelos y teorías básicos en la planificación de programas de promoción de la salud.

Para que estas teorías de las ciencias sociales refuercen los programas comunitarios de prevención, deben cumplir con ciertas características. Tienen que ser fáciles de adoptar por todos los miembros de la comunidad y no solamente los más pudientes. Además, deben ser lo suficientemente flexibles para satisfacer las necesidades de grupos concretos, responder a nueva información y a las sugerencias emanadas de la comunidad interesada.

El costo de los programas tiene que mantenerse bajo, de modo que no constituya una barrera para los más pobres. Por otra parte, los planificadores deben estar familiarizados con la cultura y los valores de la comunidad y tenerlos en cuenta al formular actividades; a la gente no le gusta adoptar comportamientos que llamen la atención. Por último, los miembros de la comunidad deben involucrarse en todos los aspectos de un programa para asegurarse de que satisface sus necesidades reales. Es más probable que un programa dé buenos resultados si es bien conocido en la comunidad. Los dirigentes y residentes de la comunidad deben estar involucrados en todas las fases de cada programa para que, en último término, este pueda entregarse a la comunidad como cosa suya.

Por otra parte existen dos obstáculos para modificar un comportamiento no saludable:

1. El primero se refiere propiamente a algunas leyes del aprendizaje, en otras palabras:

o   El carácter placentero de la mayor parte de los comportamientos no saludables.

o   La gran cantidad de tiempo entre el momento en que se comporta la gente de manera no saludable (fumar por ejemplo) y la aparición de las consecuencias nocivas (el cáncer).

2. El segundo obstáculo es de naturaleza económica y política, y se refiere a todas las condiciones que existen en nuestra sociedad que

impiden el desarrollo de contextos favorables para la salud en virtud de que se le da prioridad a otros objetivos.

Aquellos proyectos que han introducido elementos de la teoría del aprendizaje social han sido los efectivos en lograr cambios de comportamiento relacionados con la salud.
En estos modelos destacan dos estrategias básicas:

1. La planificación y programación de los antecedentes de una conducta.

2. La planificación y programación de condiciones estimulantes reforzante.

La planificación y programación de los antecedentes, incluye:

a) Exposición a mensajes persuasivos.

b) La clarificación de valores y juicios respecto a temas controvertidos en cuestiones de salud, sobre todo de aquellos que impiden la adopción de comportamientos saludables.

c) La exposición de modelos de salud

d) La implantación de señales discriminativas en el medio ambiente para el desarrollo de comportamientos saludables. Sobre todo encaminadas a:

o Atenuar o disminuir estímulos que mantienen conductas problemas.

o Implantar estímulos facilitadores de conductas saludables.

e) Aumentar la accesibilidad a dispositivos de ayuda para el cambio de conducta, tanto de servicios profesionales como de contexto adecuados (gimnasios, parques, etc. etc.).

Por su parte la planificación y programación de las condiciones estimulantes reforzante, incluye el desarrollo de situaciones en las que las personas reciban retroalimentación positiva de manera inmediata a la producción de comportamientos saludables.

Cabe hacer mención que para que un programa de salud tenga éxito también debe considerar los siguientes puntos:

1. Incidir en el sistema educativo

2. Realizar acciones globalizadoras, es decir, incidir en el estilo de vida de familias y comunidades y no tanto en formas aisladas de comportamiento.

3. Realizar acciones que propicien el protagonismo y la participación de la comunidad.

Condiciones que facilitan la comprensión, el recuerdo y el cumplimiento de los mensajes de salud

1. Presentar el mensaje de forma inteligible. Evitar la "jerga" técnica.

2. Dar nociones elementales de salud.

3. Ilustrar información con ejemplos cercanos al individuo o a la gente a la que dirigen el mensaje.

4. Comprobar si los mensajes van siendo entendidos a través de preguntas sobre lo dicho u otros procedimientos.

5. Enfatizar la importancia del mensaje.

6. Usar palabras y frases cortas.

7. Usas pocas frases.

8. Utilizar categorías explícitas y claras.

9. Repetir.

10. No dar muchos mensajes de salud al mismo tiempo.

11. Dar normas específicas, detalladas y concretas acerca de cómo llevar a efecto la prescripción de la salud.

12. Mostrar una actitud amistosa y cercana.

13. Mostrar métodos educativos bidireccionales. Enfatizar el carácter de diálogo y acuerdo.

En los medios de comunicación de masas, además.

14. Utilizar canales múltiples y a horas accesibles para la audiencia elegida.

15. Repetir a menudo los mensajes de modo consistente.

16. Persistir en largos periodos de tiempo.

17. Garantizar la novedad, el entretenimiento y asegurar la audiencia seleccionada.

18. Garantizar que el mensaje responda a las necesidades sentidas por la audiencia.

19. Promover la interacción con la audiencia.

20. Garantizar que los mensajes tengan alto nivel de apoyo y aceptación en el ambiente del receptor.

21. Facilitar la audiencia de oportunidades para expresar y practicar los mensajes recibidos.

22. Facilitar que se escuche y discuta el programa en grupos.

23. Facilitar la implicación personal y promover conductas alternativas.

RAZONES QUE JUSTIFICAN LA NECESIDAD DE INVESTIGAR SOBRE EL TEMA

Sabemos que todos estos esfuerzos dirigidos a promover conductas saludables no siempre dan sus frutos y que la gente, aun teniendo información adecuada sobre su salud, no cambia., ¿por qué?.

El conocimiento es importante pero no suficiente para producir el cambio de conducta. Tampoco es suficiente el deseo de la persona de hacer un cambio en su conducta sobre todo cuando tiene que pasar de una situación agradable (conducta sedentaria) a otra desagradable (agujetas, al principio; mejora en la salud a largo plazo). Una pregunta clave es si somos capaces de influir de manera suficiente en el comportamiento para lograr los objetivos de salud que se persiguen.

Cambiar hábitos y comportamientos arraigados en mitos es difícil y su posibilidad dependerá en última instancia de la capacidad de los agentes de salud. Tendrán que estar capacitados para aproximarse a la población, entrar en sintonía con sus interpretaciones y descubrir con ella las claves para mejorar la salud. La gente no remplaza fácilmente creencias ancestrales por nuevos conocimientos y, por eso, es importante desvelarlas, entender su racionalidad, sentido y significado, para poder erosionarlas y recomponer una visión esclarecida de la enfermedad y de la salud que se traduzca en comportamientos saludables.

Es por ello que se muestra básico en la formación de los agentes de salud, entre ellos la enfermera, <u>el adiestramiento en estas estrategias de intervención, siendo fundamental ahondar en el</u>

<u>estudio, planificación y diseño de estrategias cada vez más perfiladas y eficientes.</u>

Así mismo en muchos casos parece que el impacto en la salud de intervenciones o decisiones extrasanitarias es directo y generalmente admitido.

En otros casos no está tan claro cuál es el impacto en la salud de la población de una determinada acción o política pública extrasanitarias, si es positivo o negativo. O, lo que es más frecuente, se intuye claramente que esas acciones tienen un efecto positivo o negativo en la salud, pero no se ha evaluado cuál es la magnitud de ese impacto.

Se plantea pues la necesidad de analizar qué información es necesaria para evaluar el impacto potencial en la salud de las propuestas públicas de sectores no sanitarios y desarrollar y/o validar las herramientas que permitan realizar esa evaluación con el necesario rigor metodológico.

En los últimos años se está desarrollando la metodología de lo que ha sido denominado como "evaluación del impacto en la salud"(EIS). Son técnicas encaminadas a identificar y evaluar los efectos potenciales en la salud y en las conductas saludables de una propuesta en una población determinada. Esas técnicas no son sólo de utilidad para el análisis de las políticas y propuestas sanitarias, sino que son también de aplicación a la evaluación de políticas o actuaciones extra-sanitarias, sean públicas o privadas.

La EIS ha sido y está siendo utilizada de manera creciente en Gran Bretaña, Suecia, Finlandia, Holanda, Alemania, Canadá, Australia y Nueva Zelanda y ha dado ya sus primeros pasos en distintos países menos desarrollados económica mente.

LÍNEAS DE INVESTIGACIÓN FUTURAS Y CONCLUSIONES

- Los agentes de salud (la enfermera entre ellos) deben ser capaces de diseñar intervenciones que cubran las necesidades de los usuarios, siendo viables técnicamente y que a su vez cuenten con el imprescindible respaldo del gobernante y la comunidad de profesionales de la salud como garantes de la adecuación, calidad y rigurosidad tanto científica como técnicas de las distintas iniciativas.

Pero ¿Cómo lo hacemos la enfermería ?, centramos nuestra tarea en proporcionar información, más o menos personalizada, con una idea clara, de que una persona bien informada desarrollará estilos de vida más saludables.

Pero una buena educación no es suficiente para provocar cambios, muchas veces nos provoca impotencia, frustración, indignación cuando comprobamos que los pacientes no hacen caso de los consejos que les damos. La motivación, o deseo de cambio, para modificar conductas y hábitos insanos depende de muchos factores. Nos damos cuenta que necesitamos aprender a desarrollar habilidades que nos faciliten trabajar la motivación de las personas para que se pueda realizar un cambio en su conducta.

Hay técnicas de motivación que se basan en el respeto al paciente, a sus creencias y escala de valores, puntos de vista de la persona y su "libertad de escoger". No es posible motivar a nadie si la persona no ve claro que va a sacar en beneficio. Si no tiene claro que lo podrá conseguir.

Hasta ahora la mayoría de los profesionales de salud educamos de forma directiva o centrada en el educador y los objetivos son definidos por el profesional de la salud "que sabe que es lo que le conviene a la persona o comunidad". Sus esfuerzos se canalizan a animar a las personas a seguir sus recomendaciones. Los pacientes tendrían la obligación de seguir las prescripciones de sus cuidadores y los beneficios de su cumplimiento se verán en la calidad de vida de los pacientes.

Pero este modelo directivo no vale en el cuidado de la enfermedad crónica. Pretendemos que nuestros pacientes hagan cambios importantes en sus estilos de vida, esto es que integren todas las actividades de gestión y tratamiento de su enfermedad en su rutina diaria, personal, familiar y en su vida profesional así como que las vaya adaptando continuamente de acuerdo con la etapa de la vida en la que se encuentre.

Para lograr esto, los profesionales de enfermería tenemos que plantearnos una nueva forma de relación terapéutica con el paciente adquiriendo habilidades sobre técnicas de comunicación, relación de ayuda,..etc. con los pacientes y sus familias. Esta es una línea de aprendizaje e investigación abierta, necesaria y muy atractiva.

- Evaluación profunda del impacto real de estos programas de intervención en salud de la comunidad, de grupos e individuos.

- Ahondar en el estudio de las intervenciones en salud en la red. La reflexión sobre los beneficios reales, las posibilidades futuras y los retos que el uso de la Red para la intervención en salud está poniendo sobre la mesa. Así, se hace necesario un análisis de los modelos, metodologías y aspectos específicos implicados en su implementación, un análisis que debe remarcar la especificidad de una intervención virtual con respecto a una intervención presencial y que debe indicar cuáles son los ámbitos de intervención y trastornos susceptibles de abordarse desde la virtualidad.

BIBLIOGRAFÍA

POUSADA, M.; VALIENTE, L.; BOIXADÓS, M. (2007). "Intervención en salud en la Red: estado de la cuestión y perspectivas de futuro". En: E. FERNÁNDEZ y B. GÓMEZ-ZÚÑIGA (coords.as). «Intervención en salud en la Red». UOC Papers. N.º 4. UOC. [Fecha de consulta: 12/03/2009].

<http://www.uoc.edu/uocpapers/4/dt/esp/pousada_valiente_boixados.pdf>

ISSN 1885-1451

MURRAY E, BURNS J, SEE TAI S, LAI R, NAZARETH I. "Programas de comunicación sanitaria interactiva para personas con enfermedades crónicas" (Revisión Cochrane traducida). En: *La Biblioteca Cochrane Plus*, 2008 Número 4. Oxford: Update Software Ltd. Disponible en: http://www.update-software.com. (Traducida de *The Cochrane Library*, 2008 Issue 3. Chichester, UK: John Wiley & Sons, Ltd.).

PAULA DIEHR, ANN DERLETH, LIMING CAI, AND ANNE B

NEWMAN. "The effect of different public health interventions on longevity, morbidity, and years of healthy life". BMC Public Health. 2007; 7: 52. Published online 2007 April 5. doi: 10.1186/1471-2458-7-52

RAÚL CHOQUE LARRAURI, "Comunicación y educación para la promoción
de la salud". Revista Razón y Palabra , Lima-Perú, diciembre 2005

CABERO, Julio y otros, "Nuevas tecnologías aplicadas a la educación". Madrid (España), Editorial Síntesis, 2000. 255 p.

MURPHY, ELAINE M. "La promoción de comportamientos saludables". Population reference burea, 2004

JASON NW, HOWES FS, GUPTA S, DOYLE JL, WATERS E. "Políticas de intervención implementadas por instituciones deportivas para la promoción de cambios de hábitos saludables" (Revisión Cochrane traducida). En: *La Biblioteca Cochrane Plus*, 2008 Número 4. Oxford: Update Software Ltd. Disponible en:

http://www.update-software.com. (Traducida de *The Cochrane Library*, 2008 Issue 3. Chichester, UK: John Wiley & Sons, Ltd.).

CIBANAL JUAN, LUIS. "Técnicas de comunicación y relación de ayuda en ciencias de la salud". Elsevier. 2003

ALBALA C, OLIVARES S, SÁNCHEZ H, BUSTOS N, MORENO X, BRAVO C, BARRAZA A. (2004b) "Consejerías en Vida Sana, Manual de Apoyo". INTA, Ministerio de Salud, Vida Chile. Archivo pdf en internet: www.minsal.cl sección: Nutrición/Estrategia de Intervención Nutricional.

MÓNICA MUÑOZ[*]; BALTICA CABIESES. "La aplicación de teorías y técnicas de las ciencias sociales a la promoción de la salud".
Revista Panamericana de Salud Pública, vol. 4 n.
2 Washington Aug. 2003

GRACIAS

www.ingramcontent.com/pod-product-compliance
Lightning Source LLC
Chambersburg PA
CBHW081050170526
45158CB00006B/1928